Name: Datum:

Zahlen bis 10 000

Die Aufgaben waren für mich:

1

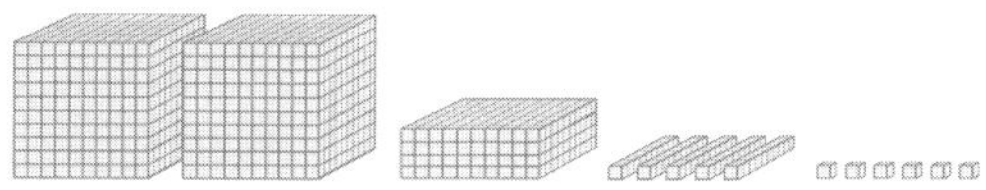

__ T __ H __ Z __ E

T	H	Z	E

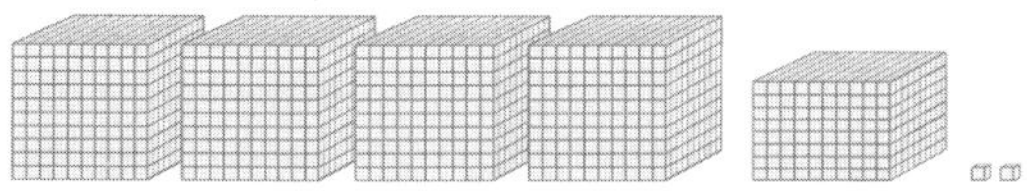

__ T __ H __ Z __ E

T	H	Z	E

2 Tausche und notiere die Zahlen.

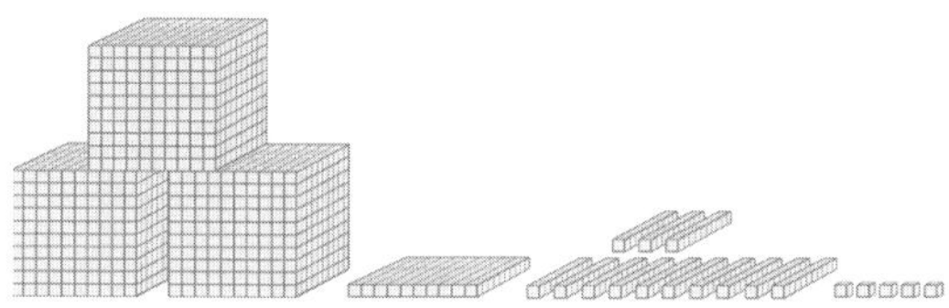

T	H	Z	E

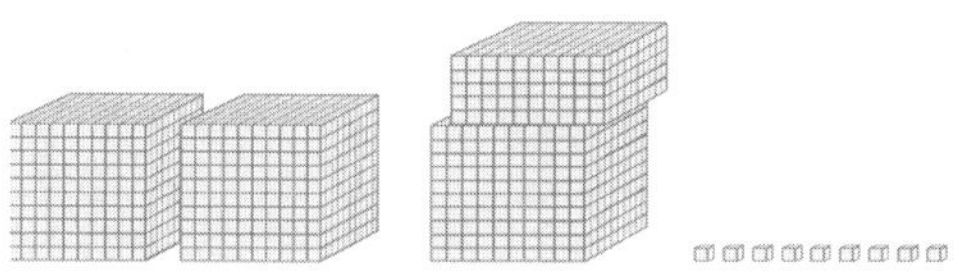

T	H	Z	E

3 a) Notiere die Zahl.

achttausenddreihundertvierundzwanzig ______

b) Schreibe das Zahlwort.

9 8 7 6 ______________________

Bereich für den Lehrer:

1 Zahlen an Mehrsystemblöcken ablesen und unterschiedlich notieren: ☐ ☐ ☐

2 Im Zehnersystem bündeln und tauschen: ☐ ☐ ☐

3 Zahlen und Zahlwörter schreiben: ☐ ☐ ☐

Hier kannst du weiterüben:
Mach-Mit-Kartei Spiel „Zahlen vergleichen“

1

Zahlen bis 10 000

4

2 000 + ________ = 5 000
3 000 + ________ = 10 000

6 000 + ________ = 6 700
2 000 + ________ = 2 500

8 000 − ________ = 4 000
10 000 − ________ = 1 000

________ + ________ = 4 500
________ + ________ = 9 900

Die Aufgaben waren für mich:

---

5 Notiere.

34 Z = 3 H 4 Z	25 H = ________	203 Z = ________
56 Z = ________	41 H = ________	709 Z = ________
18 Z = ________	60 H = ________	354 Z = ________
72 Z = ________	93 H = ________	898 Z = ________

6

Meine Zahl hat 2 Zehner, 3 Hunderter, 5 Einer und genauso viele Tausender wie Einer.

Diese Zahl ist es: ________

Meine Zahl hat 3 Zehner und doppelt so viele Einer. Sie hat 8 Hunderter und halb so viele Tausender.

Diese Zahl ist es: ________

Wenn man bei meiner Zahl einen Tausender und einen Einer wegnimmt, entsteht die Zahl 8 998.

Diese Zahl ist es: ________

Bereich für den Lehrer:

4 Im Zahlenraum bis 10 000 additiv und subtraktiv ergänzen: ________

5 Im Zehnersystem tauschen: ________

6 Zahlenrätsel lösen: ________

____

1

Hier kannst du weiterüben:
Mach-Mit-Kartei Spiel „Zahlen vergleichen"

Name: Datum:

Zahlen bis 100 000

1 ○

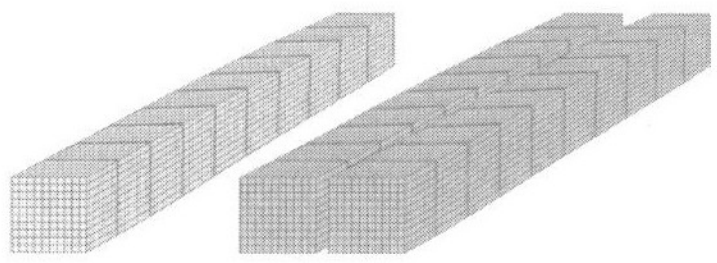

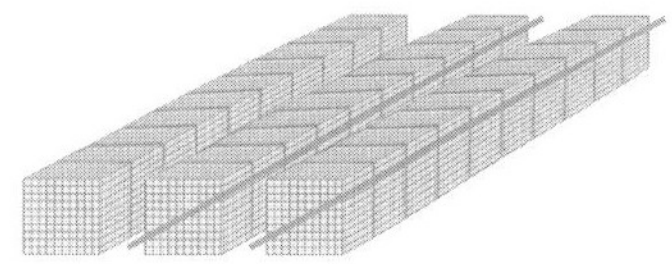

Die Aufgaben waren für mich:

10 000 + 20 000 = ______ 30 000 − 20 000 = ______

30 000 + 40 000 = ______ 80 000 − 30 000 = ______

20 000 + 70 000 = ______ 50 000 − 40 000 = ______

60 000 + 30 000 = ______ 90 000 − 50 000 = ______

2 ○

3 ZT 1 T 9 H 2 Z 7 E

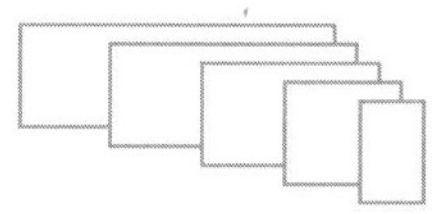

ZT	T	H	Z	E

__ ZT __ T __ H __ Z __ E

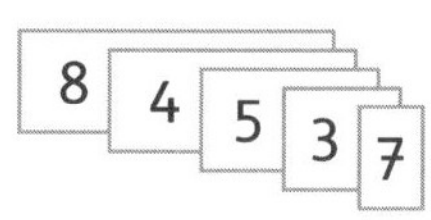

ZT	T	H	Z	E

__ ZT __ T __ H __ Z __ E

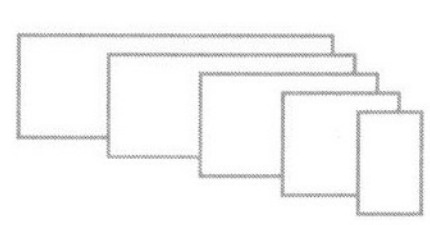

ZT	T	H	Z	E
7	9	1	5	6

3 ○

a) Notiere die Zahl.

achtundneunzigtausendsiebenhundertfünfundsechzig

______

b) Schreibe das Zahlwort.

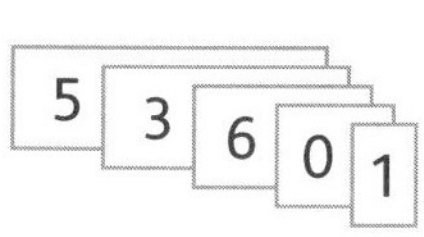

______

______

______

Bereich für den Lehrer:

1 Analogien beim Rechnen nutzen: ☐ ☐ ☐

2 Zahlen an unterschiedlichen Darstellungen ablesen, unterschiedlich notieren: ☐ ☐ ☐

3 Zahlen und Zahlwörter schreiben: ☐ ☐ ☐

2

Hier kannst du weiterüben:
Mach-Mit-Kartei Spiel „Zahlen vergleichen"

Zahlen bis 100 000

4

70 000 + ________ = 90 000 | 50 000 + ________ = 57 000

20 000 + ________ = 100 000 | 40 000 + ________ = 44 000

80 000 − ________ = 10 000 | ________ + ________ = 86 000

100 000 − ________ = 30 000 | ________ + ________ = 29 000

Die Aufgaben waren für mich:

5 Notiere.

27 T = 2 ZT 7 T | 15 Z = ________ | 101 H = ________

65 T = ________ | 52 Z = ________ | 608 H = ________

81 T = ________ | 38 Z = ________ | 429 H = ________

53 T = ________ | 90 Z = ________ | 777 H = ________

6

Meine Zahl hat 2 Zehntausender, 5 Zehner, 6 Einer, 8 Hunderter und halb so viele Tausender wie Hunderter.

Diese Zahl ist es: ________

Meine Zahl hat doppelt so viele Tausender wie Hunderter. Sie hat 3 Hunderter, 5 Zehntausender, einen Zehner und keinen Einer.

Diese Zahl ist es: ________

Wenn man bei meiner Zahl einen Zehner und einen Tausender dazugibt, entsteht 34 343.

Diese Zahl ist es: ________

Bereich für den Lehrer:

4 Im Zahlenraum bis 100 000 additiv und subtraktiv ergänzen:

5 Im Zehnersystem tauschen:

6 Zahlenrätsel lösen:

2

Hier kannst du weiterüben:
Mach-Mit-Kartei Spiel „Zahlen vergleichen"

Name: Datum:

Addition und Subtraktion bis 100 000

1

32 400 + 50 000 = ______
32 400 + 5 000 = ______
32 400 + 500 = ______
32 400 + 50 = ______
32 400 + 5 = ______

76 899 − 40 000 = ______
76 899 − 4 000 = ______
76 899 − 400 = ______
76 899 − 40 = ______
76 899 − 4 = ______

Die Aufgaben waren für mich:

2

6 460 + 333 = ______
56 460 + 333 = ______

3 780 + 80 = ______
33 780 + 80 = ______

8 790 − 433 = ______
28 790 − 433 = ______

4 503 − 9 = ______
64 503 − 9 = ______

3

3 400 + 700 = ______
6 400 + 700 = ______
39 400 + 700 = ______
52 400 + 700 = ______
69 400 + 700 = ______

204 − 7 = ______
704 − 7 = ______
4 504 − 7 = ______
74 504 − 7 = ______
84 804 − 7 = ______

4 Berechne die Quersumme.

7 689

______

Qs: ______

6 092

______

Qs: ______

4 341

______

Qs: ______

8 722

______

Qs: ______

Bereich für den Lehrer:

		☺	😐	☹
1	Bei Addition und Subtraktion die Stellenwerte beachten:	☐	☐	☐
2	Bei komplexen Additionen und Subtraktionen die Stellenwerte beachten:	☐	☐	☐
3	Additions- und Subtraktionsaufgaben mit Übergang im Kopf lösen:	☐	☐	☐
4	Quersummen bestimmen:	☐	☐	☐

Hier kannst du weiterüben:
Mach-Mit-Kartei Spiel „Quersummen berechnen"

3

Addition und Subtraktion bis 100 000

5

20 950		80		8 890

		50 000		
29 910		90		

Die Aufgaben waren für mich:

☺ 😐 ☹

6 Verändere die Aufgaben so, wie es angegeben ist.

37 650 + 320 = ______
______ + ____ = ______
______ + ____ = ______

68 000 − 900 = ______
______ − ____ = ______
______ − ____ = ______

1. Summand immer + 3 000
2. Summand immer + 1 000
Summe immer ______

Minuend immer + 4 000
Subtrahend immer + 2 000
Differenz immer ______

☺ 😐 ☹

7 Ergänze die Tabelle.

Die kleinsten Säugetiere sind die Mäuse. Eine Hausmaus wiegt ungefähr 19 g.

Ein 10-jähriges Kind wiegt mit 38 kg etwa 2 000-mal so viel.

Anzahl 10-Jährige	Anzahl Hausmäuse	Gewicht in Kilogramm (kg)
1	2 000	38 kg
10		
20		
30		

☺ 😐 ☹

Bereich für den Lehrer:

	☺	😐	☹
5 Zahlenmauern lösen:	☐	☐	☐
6 Froschaufgaben systematisch fortsetzen:	☐	☐	☐
7 Verdopplungen im Sachzusammenhang durchführen:	☐	☐	☐

Hier kannst du weiterüben:
Mach-Mit-Kartei Spiel „Quersummen berechnen"

3

Name: Datum:

Zahlen bis 1 000 000

1

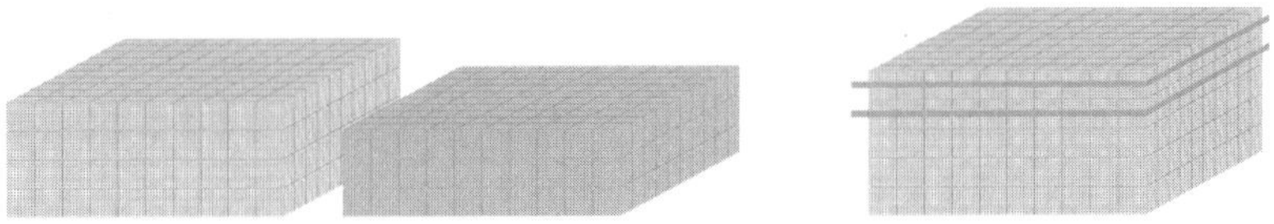

Die Aufgaben waren für mich:

400 000 + 300 000 = ____ 500 000 – 200 000 = ____

200 000 + 100 000 = ____ 700 000 – 300 000 = ____

500 000 + 400 000 = ____ 900 000 – 400 000 = ____

300 000 + 600 000 = ____ 800 000 – 700 000 = ____

2 7 HT 2 ZT 8 T 1 H 3 Z 9 E

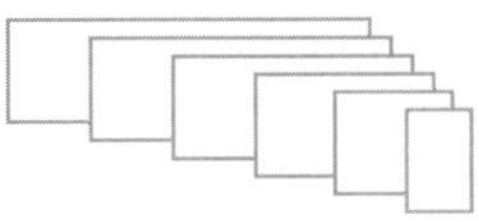

HT	ZT	T	H	Z	E

__ HT __ ZT __ T __ H __ Z __ E

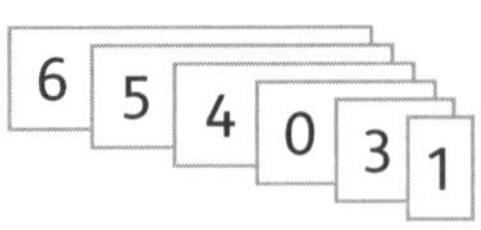

6 5 4 0 3 1

HT	ZT	T	H	Z	E

3 a) Notiere die Zahl.

dreihundertfünftausendneunhundertachtundneunzig

____

b) Schreibe das Zahlwort.

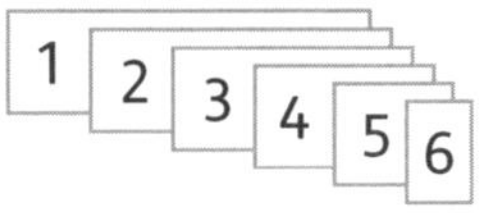

1 2 3 4 5 6

____

____

____

Bereich für den Lehrer:

1 Analogien beim Rechnen nutzen:

2 Zahlen an unterschiedlichen Darstellungen ablesen, unterschiedlich notieren:

3 Zahlen und Zahlwörter schreiben:

4

Hier kannst du weiterüben:
Mach-Mit-Kartei Spiel „Zahlen vergleichen"

Zahlen bis 1 000 000

4 ◒

500 000 + ________ = 800 000 400 000 + ________ = 450 000

100 000 + ________ = 500 000 600 000 + ________ = 690 000

900 000 − ________ = 200 000 ________ + ________ = 730 000

700 000 − ________ = 300 000 ________ + ________ = 960 000

Die Aufgaben waren für mich:

☺ 😐 ☹

5 Notiere. ◒

38 ZT = 3 HT 8 ZT

43 ZT = ________

16 ZT = ________

99 ZT = ________

209 T = ________

801 T = ________

333 T = ________

765 T = ________

☺ 😐 ☹

6 ●

Meine Zahl hat 4 Hunderttausender, 3 Einer, 6 Zehner, 8 Hunderter, 2 Zehntausender und genauso viele Tausender wie Zehntausender.

Diese Zahl ist es: ________

Meine Zahl hat halb so viele Hunderter wie Hunderttausender. Sie hat 6 Hunderttausender, 5 Einer, 7 Zehntausender und jeweils 8 Tausender und Zehner.

Diese Zahl ist es: ________

Wenn man bei meiner Zahl 2 Zehntausender und 2 Hunderter wegnimmt, entsteht 103 256.

Diese Zahl ist es: ________

☺ 😐 ☹

Bereich für den Lehrer:

	☺	😐	☹
4 Im Zahlenraum bis 1 000 000 additiv und subtraktiv ergänzen:	☐	☐	☐
5 Im Zehnersystem tauschen:	☐	☐	☐
6 Zahlenrätsel lösen:	☐	☐	☐

4

Hier kannst du weiterüben:
Mach-Mit-Kartei Spiel „Zahlen vergleichen“

Name: Datum:

Vom Zahlenstrahl zum Rechenstrich

1 Verbinde.

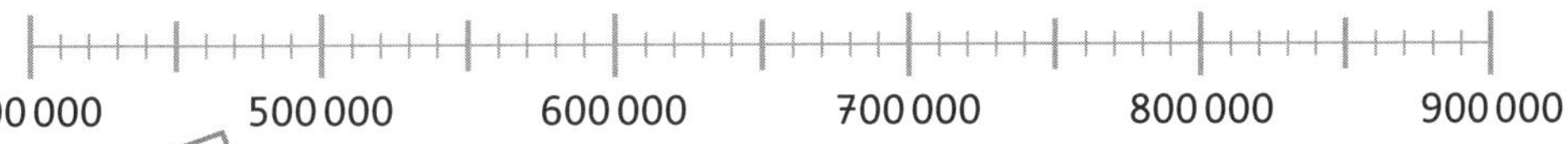

460 000	620 000	790 000	810 000

Die Aufgaben waren für mich:

2 Wie heißen die Nachbarzehntausender (NZT)?
Markiere den Zehntausender, der näher an der Zahl liegt.

NZT	Z	NZT
	28 000	
	564 000	
	915 200	

NZT	Z	NZT
	144 799	
	452 008	
	785 001	

3 Wie heißen die Nachbarhunderttausender (NHT)?
Markiere den Hunderttausender, der näher an der Zahl liegt.

NHT	Z	NHT
	830 000	
	281 000	
	554 000	

NHT	Z	NHT
	359 359	
	646 009	
	887 999	

4 <, > oder = ?

18 354 ◯ 37 809
65 736 ◯ 5 736
23 202 ◯ 32 202
78 357 ◯ 78 375

207 579 ◯ 756 122
199 486 ◯ 99 486
303 845 ◯ 303 845
167 603 ◯ 176 603

Bereich für den Lehrer:

		☺	😐	☹
1	Zahlen mit dem Zahlenstrahl verbinden:	☐	☐	☐
2	Nachbarzehntausender (NZT) bestimmen und näheren NZT erkennen:	☐	☐	☐
3	Nachbarhunderttausender (NHT) bestimmen und näheren NHT erkennen:	☐	☐	☐
4	Zahlen vergleichen:	☐	☐	☐

Hier kannst du weiterüben:
Mach-Mit-Kartei Spiel „Zur Million ergänzen"

5

Vom Zahlenstrahl zum Rechenstrich

5 In welche Schritte ist der Zahlenstrahl eingeteilt?
Trage ZT, T oder H ein.

Die Aufgaben waren für mich:

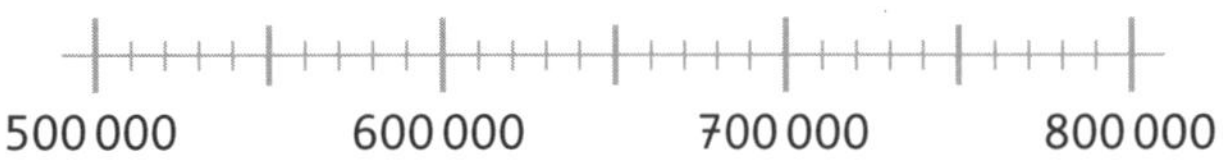

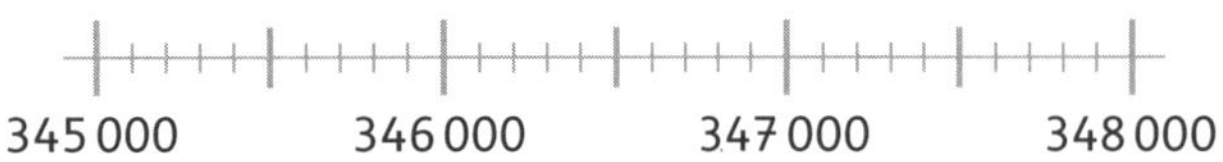

6 Rechne vor und zurück zu den Nachbarzehntausendern.

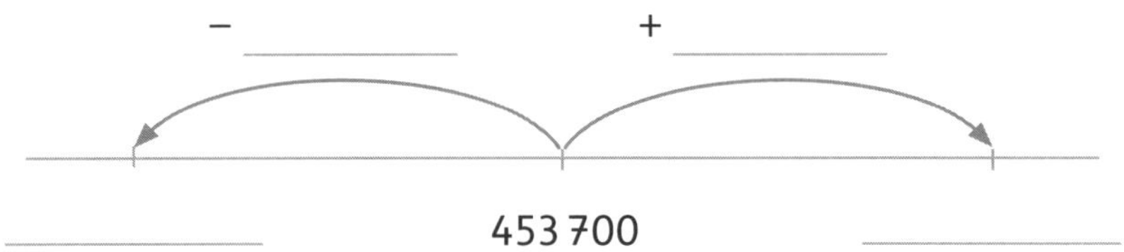

7 Rechne vor und zurück zu den Nachbarhunderttausendern.

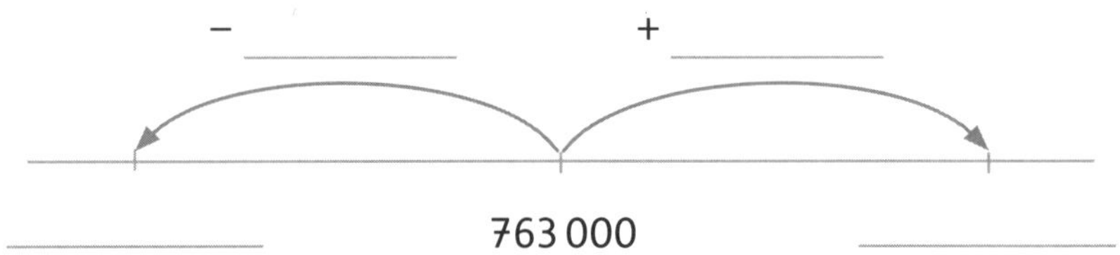

8 Vervollständige die Tabelle.

NHT	NZT	Z	NZT	NHT
		345 678		
		208 799		
		999 313		

Bereich für den Lehrer:

5 Einteilung am Zahlenstrahl beschreiben:

6 Vor und zurück zum Nachbarzehntausender rechnen:

7 Vor und zurück zum Nachbarhunderttausender rechnen:

8 Verschiedene Nachbarn einer Zahl bestimmen:

Hier kannst du weiterüben:
Mach-Mit-Kartei Spiel „Zur Million ergänzen"

5

Name: Lina Datum:

Addition und Subtraktion bis 1 000 000

1

534 000 + 400 000 = 934000	676 000 − 300 000 = 376 000
534 000 + 50 000 = 584000	676 000 − 40 000 = 636 000
534 000 + 3 000 = 531000	676 000 − 2 000 = 674000
534 000 + 987 = 534987	676 000 − 43 000 = 633000
534 000 + 402 000 = 936000	676 000 − 343 000 = 333000

Die Aufgaben waren für mich: ☺ 😐 ☹

2

153 996 + 8 = 154004	230 004 − 7 = 229997
817 996 + 8 = 818004	603 004 − 7 = 603997
765 940 + 80 = 766020	581 020 − 70 = 580950
307 940 + 80 = 308020	109 020 − 70 = 108950
422 400 + 800 = 4221200	750 300 − 700 = 749600
967 400 + 800 = 9671200	804 300 − 700 = 803600

☺ 😐 ☹

3 Schreibe stellengerecht untereinander. Addiere schriftlich.

38 709 + 45 388

	3	8	7	0	9	
+	4	5	3	8	8	
	1	1		1		
	8	4	0	9	7	

356 768 + 56 023

	3	5	6	7	6	8
+		5	6	0	2	3
	1	1			1	
	4	1	2	7	9	1

☺ 😐 ☹

4 Schreibe stellengerecht untereinander. Subtrahiere schriftlich.

76 243 − 28 091

	7	6	2	4	3	
−	2	8	0	9	1	
	1		1			
	4	8	1	5	2	

875 411 − 94 650

	8	7	5	4	1	7
−		9	4	6	5	0
	1		1	1		
	7	8	0	7	5	1

☺ 😐 ☹

Bereich für den Lehrer: ☺ 😐 ☹

		☺	😐	☹
1	Bei Additionen und Subtraktionen die Stellenwerte beachten:	☐	☐	☐
2	Bei komplexen Additionen und Subtraktionen die Stellenwerte beachten:	☐	☐	☐
3	Im Zahlenraum bis 1 Million schriftlich addieren:	☐	☐	☐
4	Im Zahlenraum bis 1 Million schriftlich subtrahieren:	☐	☐	☐

6

Hier kannst du weiterüben:
Mach-Mit-Kartei Spiel „Mit dem Taschenrechner prüfen"

Addition und Subtraktion bis 1 000 000

10

Die Aufgaben waren für mich: ☺ 😐 ☹

5 ◒

+10

	100 000	
800	12000	
400	400	18000

	1 000 000	
9400	700	
900	400	300

6 ●

33041

Der Äquator umspannt die Erde und ist 40 075 km lang. 3 734 km davon verlaufen durch Afrika, 3 425 km durch Südamerika und 1416 km durch große und kleine Inseln.
Der Rest des Äquators verläuft durch die Ozeane.

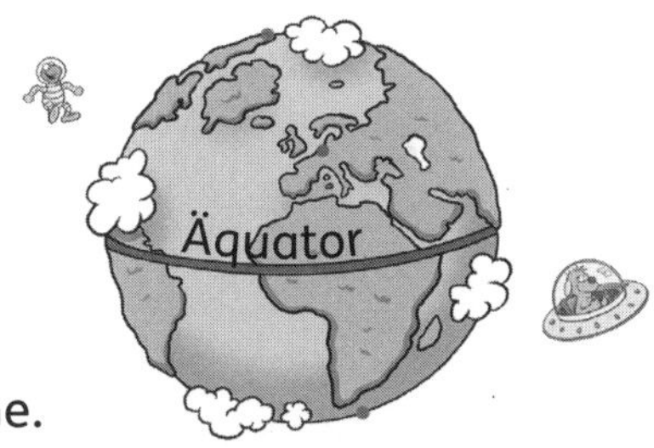

Frage: Wie viele Kilometer des Äquators verlaufen durch die Ozeane?

Lösungsweg:

Antwort: 31499 Km

7 ◒

Klecksaufgaben: Trage die richtigen Ziffern ein.

	4	0	5	3	9	5
+	2	9	4	6	2	0
	6	9	9	9	7	5

	3	6	0	9	8	2
+	4	8	0	4	4	3
	1		1	1		
	8	4	1	4	2	5

	8	7	6	5	4	3
−	2	1	2	1	2	1
	6	6	4	4	2	2

	8	4	0	3	6	5
−	4	2	3	7	1	9
		1	1		1	
	4	1	6	6	4	6

Bereich für den Lehrer:

		☺	😐	☹
5	Zahlenmauern lösen:	☐	☐	☐
6	Sachaufgabe mit großen Zahlen lösen:	☐	☐	☐
7	Fehlende Ziffern in schriftlichen Additionen und Subtraktionen ergänzen:	☐	☐	☐

Hier kannst du weiterüben:
Mach-Mit-Kartei Spiel „Mit dem Taschenrechner prüfen"

6

Name: Datum:

Sachrechnen

Die Aufgaben waren für mich:

Signal Iduna Park; Dortmund

81 365 Plätze

Allianz Arena; München

75 021 Plätze

Olympiastadion; Berlin

74 475 Plätze

Veltins-Arena; Gelsenkirchen

62 271 Plätze

1 ●

a) In welcher Stadt steht das Stadion mit den wenigsten Zuschauerplätzen? ○

☐ Dortmund ☐ München ☐ Berlin ☐ Gelsenkirchen

b) 2 Stadien haben zusammen etwa 143 000 Zuschauerplätze.
In welchen Städten stehen diese beiden Stadien?

☐ Dortmund ☐ München ☐ Berlin ☐ Gelsenkirchen

☺ 😐 ☹

2 ○

Wie viele Zuschauerplätze hat die Veltins-Arena weniger als das Olympiastadion?

Lösungsweg:

Antwort: ______________________________

☺ 😐 ☹

Bereich für den Lehrer:

	☺	😐	☹
1 Informationen nutzen:	☐	☐	☐
2 Sachaufgabe lösen:	☐	☐	☐

7

Hier kannst du weiterüben:
Mach-Mit-Kartei Spiel „Mit Rekorden rechnen"

Sachrechnen

Die Aufgaben waren für mich:

Das längste Fußballspiel, das jemals gespielt wurde, fand zwischen der Mannschaft der Sportfreunde Winterbach und der Mannschaft des „Thank God It's Friday Event Club“ statt.

Das Spiel dauerte 168 Stunden und endete 1802:1802 unentschieden. Damit war das Spiel so lang wie 112 normale Fußballspiele.

Anpfiff war am 29. Mai 2019.

3 Wie viele Tore fielen bei dem Fußballspiel?

● Markiere die passende Information im Text.

Welche Lösung ist korrekt? Kreuze an.

☐ 1 802 Tore ☐ 3 604 Tore ☐ 7 208 Tore

Begründe: ______________________________

____

☺ 😐 ☹

4 Frage: An welchem Tag endete das Fußballspiel?

●

Lösungsweg:

Antwort: ______________________________

____

☺ 😐 ☹

Bereich für den Lehrer: ☺ 😐 ☹

3 Aus Sachtexten Informationen entnehmen und richtige Lösung begründen: ☐ ☐ ☐

4 Komplexe Sachaufgabe lösen: ☐ ☐ ☐

____

____

Name: Datum:

Multiplikation und Division bis 1 000 000

1

37 · 1 = ______
37 · 10 = ______
37 · 100 = ______
37 · 1 000 = ______
37 · 10 000 = ______

600 000 : 10 = ______
600 000 : 100 = ______
600 000 : 1000 = ______
600 000 : 10 000 = ______
600 000 : 100 000 = ______

Die Aufgaben waren für mich:

2

·	7	50	300	4 000
4				
40				
80				

:	3	80	4	60
2 400				
24 000				
240 000				

3 Notiere jeweils die ersten 10 Vielfachen und alle Teiler.

Vielfache von 25:

______

Teiler von 18:

______

4 Finde alle Primzahlen zwischen 10 und 20:

______

Bereich für den Lehrer:

		☺	😐	☹
1	Multiplikation und Division mit 1, 10, 100, 1 000, 10 000, 100 000 ausführen:	☐	☐	☐
2	Multiplikations- und Divisionsaufgaben durch Analogieaufgabe im Kopf lösen:	☐	☐	☐
3	Vielfache und Teiler finden:	☐	☐	☐
4	Primzahlen finden:	☐	☐	☐

8

Hier kannst du weiterüben:
Mach-Mit-Kartei Spiel „Zahlen vervielfachen"

Multiplikation und Division bis 1 000 000

5

50 · ______ = 250
20 · ______ = 1 000
80 · ______ = 480
70 · ______ = 350
30 · ______ = 900

50 000 : ______ = 50
900 000 : ______ = 9
3 000 : ______ = 300
640 000 : ______ = 64
43 000 : ______ = 430

Die Aufgaben waren für mich:

☺ 😐 ☹

6 Finde das Muster. Berichtige die Froschaufgabe.

80	·	7	=	560
80	·	70	=	5 600
8	·	7 000	=	56 000
80	·	7 000	=	560 000

9	·	4	=	36
9	·	40	=	360
9	·	400	=	3 600
9	·	40 000	=	360 000

☺ 😐 ☹

7 Finde die Regel und setze fort.

Immer ______.

( ) – 40 – 200 – 1 000 – ( ) – 25 000

Immer ______, ______.

200 000 – 20 000 – 40 000 – ( ) – ( ) – 800

Immer ______, ______.

( ) – ( ) – 20 000 – 40 000 – 160 000 – 320 000

☺ 😐 ☹

Bereich für den Lehrer:

	☺	😐	☹
5 Ergänzungsaufgaben zur Multiplikation und Division bis 1 000 000 lösen:	☐	☐	☐
6 Muster in Froschaufgaben erkennen und Fehler korrigieren:	☐	☐	☐
7 Zahlenfolgen lösen:	☐	☐	☐

8

Hier kannst du weiterüben:
Mach-Mit-Kartei Spiel „Zahlen vervielfachen"

Schriftliche Multiplikation

Name: Datum:

1 Multipliziere schriftlich.

212 · 4

4123 · 2

12301 · 3

147 · 6

1287 · 5

24309 · 7

Die Aufgaben waren für mich:

2 Multipliziere schriftlich.

453 · 50

3661 · 80

562 · 400

574 · 28

3984 · 52

678 · 213

+

3 Welche Aufgaben musst du schriftlich rechnen?

·	7	70	700
89			
356			
781			
1289			

Bereich für den Lehrer:

1 Schriftlich multiplizieren mit einstelligem 2. Faktor:

2 Schriftlich multiplizieren mit 2- und 3-stelligem 2. Faktor:

3 Tabelle lösen:

9

Hier kannst du weiterüben:
Mach-Mit-Kartei Spiel „Schriftlich multiplizieren"

Schriftliche Multiplikation

4 Klecksaufgaben: Trage die richtigen Ziffern ein.

●	9	7	·	3	●
		8	●	1	0

6	●	0	2	·	6	0
	●	7	8	●	2	0

●	4	●	·	7	0	0
	5	9	0	8	0	0

5	0	8	·	4	●
	●	●	●	●	●
+		1	0	1	6
	●	●	●	●	●

●	4	●	3	·	1	●
		1	●	3	●	0
+		●	2	●	9	7
		2	7	●	2	●

●	4	2	8	·	●	7
		4	●	8	4	●
+			9	●	9	●
		●	2	8	●	6

Die Aufgaben waren für mich:

5 Welcher Überschlag passt zu welcher Aufgabe? Verbinde.

Rechne die Überschläge.

308 · 61

435 · 54

362 · 55

275 · 57

Ü: 400 · 50 = ________

Ü: 300 · 60 = ________

6 a) Bilde aus den 3 Ziffern 1, 3 und 5 alle möglichen 3-stelligen Zahlen.

_____ _____ _____ _____ _____ _____

b) Multipliziere 2 Zahlen aus a). Wähle die Zahlen so, dass das größtmögliche Ergebnis entsteht.

Bereich für den Lehrer:

4 Klecksaufgaben lösen: ☐ ☐ ☐

5 Passenden Überschlag finden: ☐ ☐ ☐

6 Multiplikationsaufgabe mit möglichst großem Ergebnis finden: ☐ ☐ ☐

Hier kannst du weiterüben:
Mach-Mit-Kartei Spiel „Schriftlich multiplizieren"

9

Name: Datum:

Schriftliche Division

1 Dividiere schriftlich.

Die Aufgaben waren für mich:

H Z E : H Z E
7 9 2 : 6 =
– ___ · 6
– ___ · 6
– ___ · 6

T H Z E : H Z E
2 6 9 2 : 4 =
– ___ · 4
– ___ · 4
– ___ · 4

2 Dividiere schriftlich. Kontrolliere mit der Probe.

6 2 7 : 4 = ___ R
P: ___ ·
+ =

1 6 3 1 : 3 = ___ R
P: ___ ·
+ =

3 Überschlage. Dividiere schriftlich.

Ü: ___ Ü: ___

4 8 6 4 : 8 =

6 3 4 9 : 7 =

Bereich für den Lehrer:

1 Schriftlich dividieren: ☐ ☐ ☐

2 Schriftlich dividieren mit Rest. Die Probe zur Kontrolle nutzen: ☐ ☐ ☐

3 Schriftlich dividieren mit einer Null im Quotienten. Den Überschlag nutzen: ☐ ☐ ☐

10

Schriftliche Division

4 Überschlage. Male an.

Die Aufgaben waren für mich:

7570 : 5 | 6831 : 3 | 11673 : 9 | 6514 : 2 | 19287 : 9 | 5523 : 3 | 15554 : 7 | 13755 : 5 | 7833 : 3

Ergebnis < 2000

Ergebnis zwischen 2000 und 2500

Ergebnis > 2500

5 Finde die Fehler. Markiere sie. Verbinde mit der passenden Wortkarte.
Korrigiere im freien Karofeld.

	2	4	2	8	:	4	=	6	7	
−	2	4								
		0	2	8						
		−	2	8						
				0						

Falsch dividiert!

Fehler mit der Null!

Fehler mit dem Rest!

	3	9	2	4	:	9	=	4	3	9
−	3	6								
		3	2							
	−	2	7							
			5	4						
		−	5	4						
				0						

Bereich für den Lehrer:

4 Das Überschlagen bei der Ergebnisabschätzung der Division anwenden: ☐ ☐ ☐

5 Fehler bei der schriftlichen Division erkennen und berichtigen: ☐ ☐ ☐

10

Hier kannst du weiterüben:
Mach-Mit-Kartei Spiel „Der kleinere Quotient gewinnt"

Name: Datum:

Multiplikation und Division üben

1

7994 · 3 | 73440 : 3 | 4080 · 6

123355 : 5 | 3426 · 7 | 172697 : 7

23982 | 24480 | 24671

Die Aufgaben waren für mich:

2 Eine Eintrittskarte für den Zirkus „Covalli“ kostet 18 €. Bei der Samstagsvorstellung sind alle 236 Plätze besetzt.

Frage: Wie viel Geld hat der Zirkus durch die Karten eingenommen?

Lösungsweg:

Antwort: ______

Bereich für den Lehrer:

1 Aufgaben zur schriftlichen Multiplikation und Division lösen:

2 Sachaufgabe lösen:

11

Hier kannst du weiterüben:
Mach-Mit-Kartei Spiel „Tore schießen“

Multiplikation und Division üben

3 Überschlage. Kreuze das richtige Ergebnis an.

Die Aufgaben waren für mich:

29 376 : 9

Ü: ______

- [ ] 32 604
- [ ] 3 264
- [ ] 326

7 211 · 4

Ü: ______

- [ ] 288 844
- [ ] 2 884
- [ ] 28 844

☺ 😐 ☹

4 Dividiere schriftlich. Prüfe mit dem Überschlag.

Ü: ______ Ü: ______

2892 : 12 =

7275 : 15 =

☺ 😐 ☹

5 Löse die Aufgabe. Notiere Frage, Lösungsweg und Antwort.

421 € sollen gerecht unter 5 Personen verteilt werden.

Frage: ______

Lösungsweg:

Antwort: ______

☺ 😐 ☹

Bereich für den Lehrer:

	☺	😐	☹
3 Zur Ergebnisabschätzung der Multiplikation und Division überschlagen:	☐	☐	☐
4 Schriftliche Division mit 2-stelligem Divisor lösen:	☐	☐	☐
5 Sachaufgabe zur Division mit Rest lösen:	☐	☐	☐

Hier kannst du weiterüben:
Mach-Mit-Kartei Spiel „Tore schießen"

11

Name: Datum:

Sachrechnen

Der Mond begleitet die Erde bei ihrem Weg um die Sonne. Dabei umrundet er die Erde etwa 12-mal im Jahr. Für eine Umrundung braucht er ungefähr 709 Stunden. Da die Bahn nicht ganz kreisförmig ist, ist der Abstand zwischen Erde und Mond nicht immer gleich. Er beträgt zwischen 363 300 km und 405 500 km. Bei 6 Mond-Missionen wurde der Mond von Raumfahrern erkundet. Im Jahr 1969 betrat Neil Amstrong als erster Mensch den Mond. Der letzte Mensch, der bis heute auf dem Mond war, hieß Eugene Cernan.

Die Aufgaben waren für mich:

1 Wie viele Stunden braucht der Mond für 12 Erdumrundungen?

Fülle die Tabelle komplett aus.

Erdumrundungen	benötigte Zeit
1	Stunden
2	
10	
12	

2 Markiere die Aufgaben, die lösbar sind.

- Vor wie vielen Jahren betrat Eugene Cernan den Mond?
- Wie groß ist der Unterschied zwischen dem größten und dem geringsten Abstand zwischen Mond und Erde?
- Vor wie vielen Jahren betrat der erste Mensch den Mond?

Bereich für den Lehrer:

1 Informationen in einer Tabelle darstellen:

2 Aufgaben sachlogisch hinterfragen:

12

Hier kannst du weiterüben:
Erstelle eigene Sachaufgaben für eine Sachrechenkartei.

Sachrechnen

3 Die Anziehungskraft des Mondes ist 6-mal geringer, als die der Erde. Das bedeutet, ein Gegenstand der auf der Erde 6 kg wiegt, fühlt sich auf dem Mond so an, als würde er nur 1 kg wiegen. Von den Mond-Missionen haben die Raumfahrer Mondgestein mitgebracht.
Fülle die Tabelle komplett aus.

Die Aufgaben waren für mich:

Mission	Gewicht des mitgebrachten Gesteins auf der Erde	ungefähres Gewicht auf dem Mond
1	21 kg	3 kg
2	34 kg	
3	42 kg	
4	78 kg	
5	96 kg	
6	110 kg	

4 Der Mond hat einen Umfang von 10920 km. Bei manchen Mond-Missionen hatten die Raumfahrer ein spezielles Auto dabei, mit dem sie sich fortbewegt haben. Für einen Kilometer brauchte es 5 Minuten.
Frage: Wie viele Stunden braucht das Auto, um den Mond zu umrunden?

Lösungsweg:

Antwort: ______________________________

Bereich für den Lehrer:

3 Informationen in einer Tabelle darstellen und dabei mit Näherungen arbeiten: ☐ ☐ ☐

4 Sachzusammenhänge verstehen und Sachaufgabe lösen: ☐ ☐ ☐

Hier kannst du weiterüben:
Erstelle eigene Sachaufgaben für eine Sachrechenkartei.

12

Name: Datum:

Alle Rechenarten

1 Löse die Aufgaben mit dem Taschenrechner.

Die Aufgaben waren für mich: ☺ 😐 ☹

○ 4 2 7 7 1 6 ÷ 6 5 4 = ______

7 6 3 1 2 + 9 5 7 0 9 = ______

2 3 1 4 × 1 7 6 = ______

1 0 0 0 0 0 0 − 4 5 1 8 6 4 = ______

2 Richtig ✓ oder falsch f ? Überschlage zuerst.

○ Kontrolliere mit der Probe.

Ü: ______ Ü: ______

	8	2	3	4	5
−	6	3	7	5	5
	1	8	5	9	0

☐

P:

	4	7	7	0	:	9	=	5	3
−	4	5							
		2	7						
	−	2	7						
			0	0					
		−		0					
				0					

☐

P:

☺ 😐 ☹

3 Überschlage. Setze dann < oder > ein.

○ 5 998 + 2 989 ◯ 9 000

Ü: ______

8 011 − 3 453 ◯ 4 500

Ü: ______

620 · 9 ◯ 5 000

Ü: ______

7 184 : 8 ◯ 900

Ü: ______

☺ 😐 ☹

Bereich für den Lehrer: ☺ 😐 ☹

1 Aufgaben mit dem Taschenrechner lösen: ☐ ☐ ☐

2 Ergebnisse durch Überschlagen und mit der Probe kontrollieren: ☐ ☐ ☐

3 Ungleichungen mit Hilfe eines Überschlags lösen: ☐ ☐ ☐

13

Hier kannst du weiterüben:
Mach-Mit-Kartei Spiel „Temporechnen“

Alle Rechenarten

4 Verbinde.

8723 − 5908 = 2815	Die Einerprobe reicht aus.
5678 + 3299 = 8979	Ein Überschlag reicht aus.
40872 : 8 = 519	Die Probe ist notwendig.

Die Aufgaben waren für mich:

☺ 😐 ☹

5 Nutze den Taschenrechner. Berechne die fehlende Zahl.

______ + 3429 = 7389	______ − 1539 = 3450
______ + 2098 = 5540	______ − 5043 = 4223
______ + 5982 = 9113	______ − 4981 = 1693
______ + 4077 = 8481	______ − 8062 = 1184
______ + 1987 = 4567	______ − 3788 = 3788

☺ 😐 ☹

6 Male alle passenden Zahlen an.

70 · ☐ > 3000

10 | 20 | 30 | 40 | 50 | 60 | 70 | 80 | 90

10 · ☐ < 750

10 | 20 | 30 | 40 | 50 | 60 | 70 | 80 | 90

30000 : ☐ > 3000

1 | 2 | 3 | 4 | 5 | 6 | 7 | 8 | 9

☺ 😐 ☹

Bereich für den Lehrer:

	☺	😐	☹
4 Aufgaben mit geeigneter Kontrollstrategie verbinden:	☐	☐	☐
5 Gleichungen mit Hilfe des Taschenrechners lösen:	☐	☐	☐
6 Lösungsmengen von Ungleichungen bestimmen:	☐	☐	☐

13

Hier kannst du weiterüben:
Mach-Mit-Kartei Spiel „Temporechnen"

Name: Datum:

Geschicktes Rechnen

1 Markiere. Rechne geschickt.

Die Aufgaben waren für mich:

50 · 21 · 2 = ____
20 · 9 · 5 = ____
33 · 25 · 4 = ____
8 · 70 · 5 = ____

25 · 9 · 4 · 3 = ____
7 · 20 · 5 · 8 = ____
5 · 8 · 8 · 2 = ____
8 · 5 · 5 · 5 = ____

2 Bei welchen Aufgaben darfst du zusammenfassen?
Kreuze an. Markiere.

2 · 3 + 4 · 5 ☐	9 · 6 + 3 · 6 ☐
6 · 4 + 5 · 3 ☐	1 · 6 + 4 · 3 ☐
1 · 7 + 6 · 7 ☐	5 · 9 + 4 · 0 ☐
8 · 9 + 3 · 6 ☐	8 · 8 + 7 · 8 ☐

3 Richtig ✓ oder falsch f ?

150 − 22 − 50	150 − 50 − 22	☐
445 − 54 − 145	145 − 445 − 54	☐
934 − 75 − 34	934 − 34 − 75	☐
395 − 199 − 195	199 − 195 − 395	☐
668 − 85 − 368	668 − 368 − 85	☐
777 − 59 − 227	777 − 227 − 59	☐

Bereich für den Lehrer:

1 Durch Tauschen geschickt multiplizieren: ☐ ☐ ☐
2 Erkennen, ob durch Zusammenfassen geschickt gerechnet werden kann: ☐ ☐ ☐
3 Kontrollieren, ob bei Subtraktionsaufgaben korrekt getauscht wurde: ☐ ☐ ☐

14

Hier kannst du weiterüben:
Mach-Mit-Kartei Spiel „Kopfrechnen mit Vielfachen von 25"

Geschicktes Rechnen

4 Markiere. Rechne geschickt.

Die Aufgaben waren für mich:

$8 \cdot 35$ ______ = ______

$15 \cdot 20$ ______ = ______

$50 \cdot 22$ ______ = ______

$150 \cdot 8$ ______ = ______

$500 \cdot 12$ ______ = ______

$3\,200 \cdot 4$ ______ = ______

5 Male passende Knochen in einer Farbe an.

$3 \cdot 4 + 5 \cdot 4$	60	$5 \cdot 5 + 5 \cdot 7$
$5 \cdot 12$	$8 \cdot 7 + 8 \cdot 4$	$8 \cdot 11$
32	$8 \cdot 4$	88

6 Max kauft am Montag 6 Dreierpack Hundeknochen und am Donnerstag sogar 8 Dreierpack.

Frage: Wie viele Hundeknochen hat Max insgesamt gekauft?

Lösungsweg:

Antwort: ______

Bereich für den Lehrer:

4 Durch Zerlegen geschickt multiplizieren: ☐ ☐ ☐

5 Durch Zusammenfassen geschickt rechnen: ☐ ☐ ☐

6 Sachaufgabe lösen: ☐ ☐ ☐

Hier kannst du weiterüben:
Mach-Mit-Kartei Spiel „Kopfrechnen mit Vielfachen von 25"

14

Name: Datum:

Sachrechnen

1 Große Fußballstadien

○

	Name	Stadt	Plätze	Gerundet auf Tausender
1	Camp Nou	Barcelona	99 354	
2	Wembley-Stadion	London	90 000	
3	Stade de France	Paris	81 338	
4	Estádio de Maracanã	Rio de Janeiro	78 838	
5	Olympiastadion	Berlin	74 475	

a) Runde die Anzahl der Plätze auf Tausender.

b) Ergänze das Säulendiagramm.

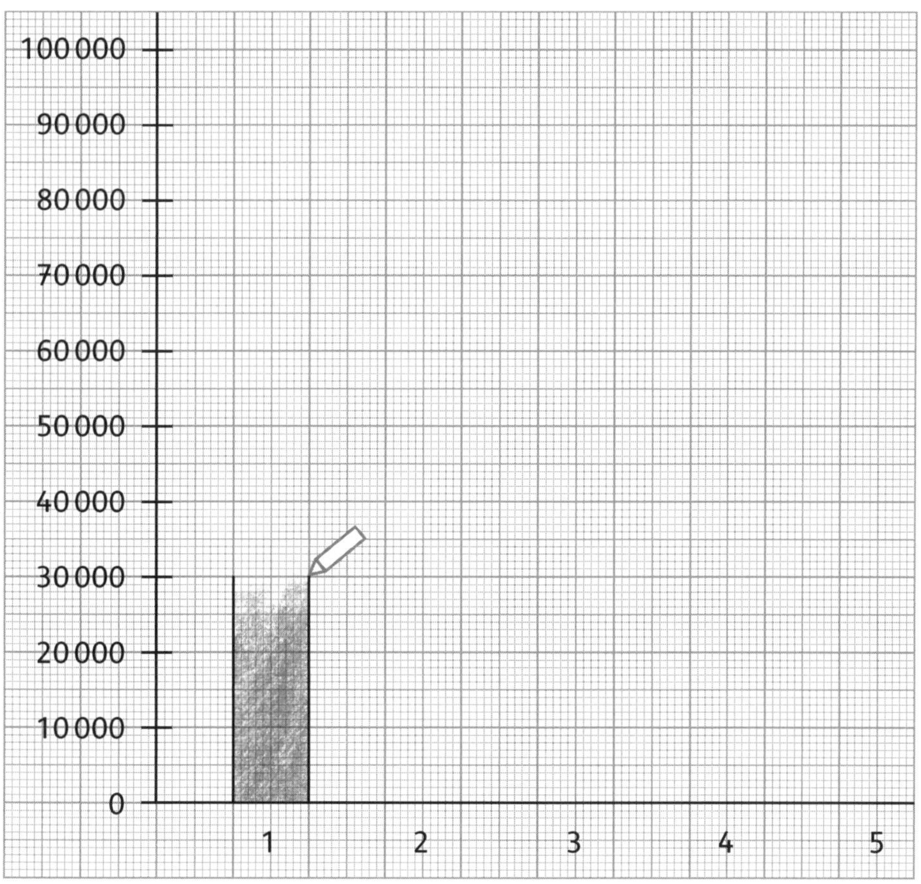

Die Aufgaben waren für mich:

Bereich für den Lehrer:

1 Mit gerundeten Zahlen ein Säulendiagramm auf Millimeterpapier erstellen:

Hier kannst du weiterüben:
Erstelle Diagramme zu Themen für eine Sachrechenkartei.

15

Sachrechnen

So viele Kinder besuchten im Schuljahr 2018/19 in den 3 größten Bundesländern eine Grundschule

Die Aufgaben waren für mich:

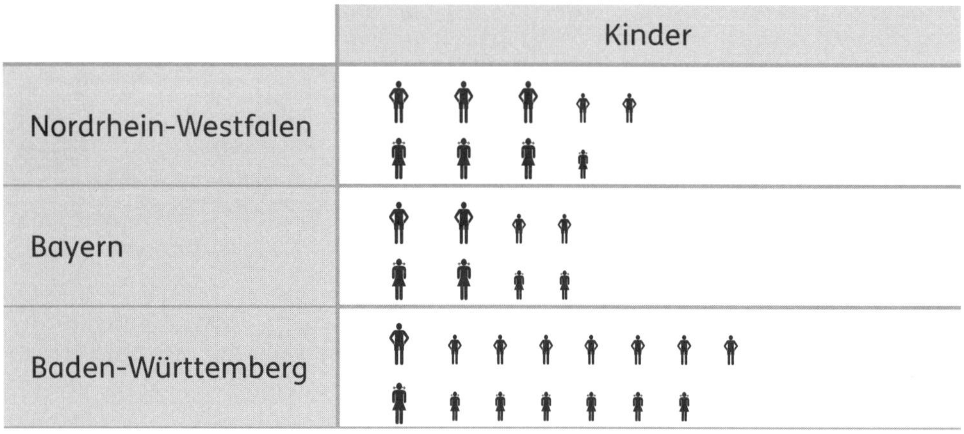

Die Größe der Bilder bedeutet: 100 000 Jungen, 10 000 Jungen
100 000 Mädchen, 10 000 Mädchen

2 Beantworte die Fragen.

Wie viele Jungen besuchten eine Grundschule in Baden-Württemberg?

____

Wie viele Kinder besuchten eine Grundschule in Nordrhein-Westfalen?

____

3 Das Kreisdiagramm stellt die Anzahl der Grundschulkinder der 3 Bundesländer dar.
Beschrifte die Linien passend mit den Namen der Bundesländer.

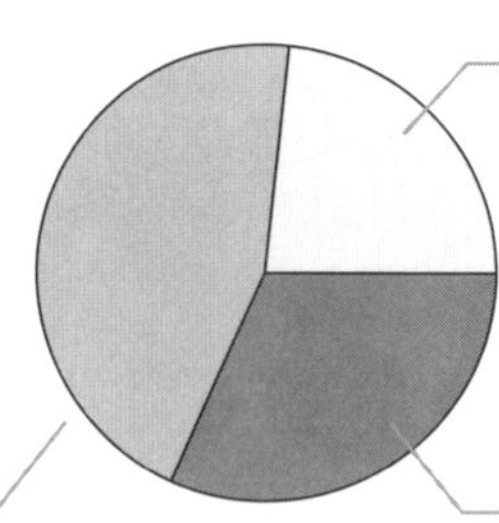

Bereich für den Lehrer:

2 Piktogramme interpretieren: ______________________________

3 Kreisdiagramm interpretieren und beschriften: ______________________________

Hier kannst du weiterüben:
Erstelle Diagramme zu Themen für eine Sachrechenkartei.

Name: Datum:

Das kann ich jetzt

Die Aufgaben waren für mich:

1 Vervollständige die Tabelle.

NHT	NT	Z	NT	NHT
		234 567		
		400 266		
		399 698		

2 Addiere und subtrahiere schriftlich.

66 543 + 13 809

740 218 + 49 556

89 345 − 44 719

890 068 − 75 688

3 Multipliziere und dividiere schriftlich.

2 8 1 · 5 6

4 3 0 9 · 7 3

8 8 2 : 7 =

2 1 8 8 : 4 =

Bereich für den Lehrer:

1 Verschiedene Nachbarn einer Zahl bestimmen:

2 Schriftlich addieren und subtrahieren:

3 Schriftlich multiplizieren und dividieren:

16

Das kann ich jetzt

4 Ordne die Zahlen der Größe nach. Beginne mit der kleinsten Zahl.

284 653	284 365	284 356	284 635	284 365

____

____

Die Aufgaben waren für mich: ☺ 😐 ☹

5 Klecksaufgaben: Trage die richtigen Ziffern ein.

```
  ● 8 2 0 ●
+ 2 ● 9 ● 8
-----------
  6 4 ● 9 7

  7 6 ● 5 6
- 3 ● 6 ● 1
-----------
  ● 1 7 2 ●
```

```
3 7 8 · 4 ●
-----------
  ● ● ● ● ●
+     7 5 6
-----------
  ● ● ● ● ●
```

```
  7 1 ● 6 : 9 = ● 9 ●
- 6 3
    8 ●
  - ● ●
      3 6
    - 3 6
        0
```

☺ 😐 ☹

6

Airbus A320neo

Passagiere:

12 Business Class

138 Economy Class

Spannweite: 35,80 m

Länge: 37,70 m

Reisegeschwindigkeit: 830 km/h

Stimmt das? Überschlage.

	ja	nein
a) Die Länge des Airbus 320neo übertrifft die Spannweite um fast 2 Meter.	☐	☐
b) In den Airbus 320neo passen insgesamt bis zu 170 Passagiere.	☐	☐
c) Ein Airbus 320neo schafft die 1 600 km lange Strecke von Köln nach Tunis in ungefähr 4 Stunden.	☐	☐

☺ 😐 ☹

Bereich für den Lehrer:

	☺	😐	☹
4 Zahlen bis 1 000 000 ordnen:	☐	☐	☐
5 Klecksaufgaben lösen:	☐	☐	☐
6 Behauptungen auf Plausibilität prüfen:	☐	☐	☐

____

16

Name: Datum:

Längen

Die Aufgaben waren für mich:

1 Miss mit dem Lineal. Schreibe in Zentimeter und Millimeter.

○ Schreibe dann mit Komma.

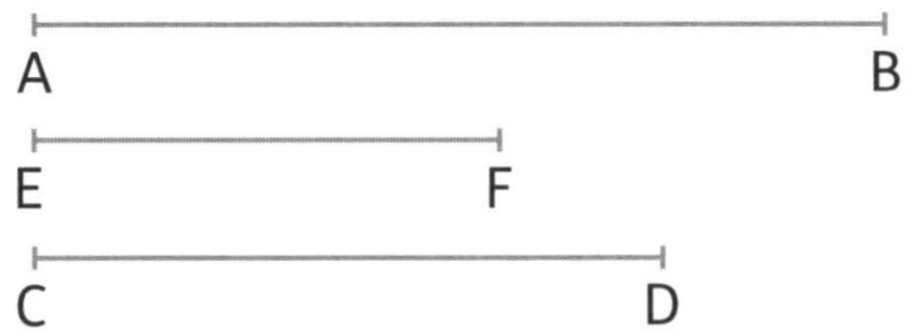

$\overline{AB}$ = ____________

$\overline{EF}$ = ____________

$\overline{CD}$ = ____________

2 Zeichne die Strecken mit einem spitzen Bleistift.

○ $\overline{GH}$ = 9,3 cm $\overline{MN}$ = 3 cm 4 mm $\overline{KL}$ = 77 mm

3 Ergänze die fehlenden Angaben.

○

	1 km	100 m	10 m	1 m	
4 km 342 m					________
9 km 500 m					________
________					7,2 km
________					3,33 km

4 a) Schreibe in km.

○ 8 km 700 m = ________

12 km 650 m = ________

54 km 321 m = ________

b) Schreibe in m.

2 km = ________

5 km 90 m = ________

3,08 km = ________

Bereich für den Lehrer:

1 Strecken messen: ☐ ☐ ☐

2 Strecken zeichnen: ☐ ☐ ☐

3 Längenangaben unterschiedlich notieren: ☐ ☐ ☐

4 Längenangaben umrechnen: ☐ ☐ ☐

17

Hier kannst du weiterüben:
Mach-Mit-Kartei Spiel „Stechen mit Längen"

Längen

5 Ordne der Länge nach.

23 cm	20,3 cm	2,3 cm	23,3 cm	3 cm 2 mm

_____ < _____ < _____ < _____ < _____

Die Aufgaben waren für mich: ☺ 😐 ☹

6 Ergänze zu einem Meter.

85 cm 4 mm + _____ = 1 m   12,8 cm + _____ = 1 m

43 cm 1 mm + _____ = 1 m   38,3 cm + _____ = 1 m

60 cm 7 mm + _____ = 1 m   10 mm + _____ = 1 m

6 cm 6 mm + _____ = 1 m   5 mm + _____ = 1 m

☺ 😐 ☹

7

Wanderwege um die Burg Steinfels

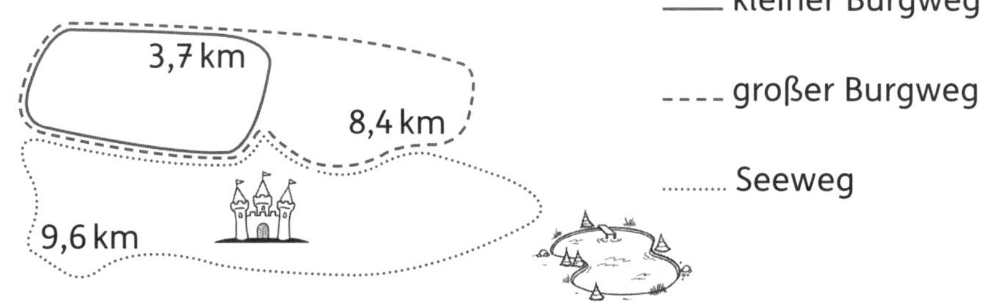

Max ist heute genau 15,8 km gejoggt.

Frage: Welche Wege ist er gelaufen?

Lösungsweg:

Antwort: _____

☺ 😐 ☹

Bereich für den Lehrer: ☺ 😐 ☹

5 Längenangaben ordnen: ☐ ☐ ☐

6 Längenangaben zu einem Meter ergänzen: ☐ ☐ ☐

7 Komplexe Sachaufgabe mit Längen lösen: ☐ ☐ ☐

Hier kannst du weiterüben:
Mach-Mit-Kartei Spiel „Stechen mit Längen"

17

Name: Datum:

Gewichte

1 Trage die Gewichtsangaben in die Stellenwerttafel ein und schreibe mit Komma.

Die Aufgaben waren für mich:

	1 kg	100 g	10 g	1 g	
1 kg 250 g					___,___ kg
6 700 g					______
820 g					______
2 kg 55 g					______

☺ 😐 ☹

2 Herr Müller plant eine Fahrradtour. Sein Fahrradanhänger darf maximal mit 17,5 kg beladen werden. Hier ist seine Packliste. Darf er alle Sachen in den Anhänger laden?

Lösungsweg:

Packliste

Getränke:	5 kg 200 g
Vesper:	$3\frac{1}{2}$ kg
Decke:	1 250 g
Fotoausrüstung:	6,700 kg

Antwort: ______________________________

____

☺ 😐 ☹

3 a) Schreibe in t.

3 t 760 kg = ______

7 t 50 kg = ______

3 644 kg = ______

2 900 kg = ______

b) Schreibe in kg.

4,506 t = ______

2,3 t = ______

6,08 t = ______

7,75 t = ______

☺ 😐 ☹

Bereich für den Lehrer:

	☺	😐	☹
1 Gewichtsangaben unterschiedlich notieren:	☐	☐	☐
2 Sachaufgabe mit Gewichten lösen:	☐	☐	☐
3 Gewichtsangaben umrechnen:	☐	☐	☐

Hier kannst du weiterüben:
Mach-Mit-Kartei Spiel „Gewichte umrechnen"

18

Gewichte

4 <, > oder = ?

3,2 kg	◯	2,3 kg	12 kg 400 g	◯	12,4 kg
250 g	◯	$\frac{1}{2}$ kg	$\frac{1}{4}$ kg	◯	2 kg 50 g
6,6 kg	◯	6 kg 6 g	8 kg 700 g	◯	8,7 kg
5,2 kg	◯	5 $\frac{1}{2}$ kg	2 $\frac{3}{4}$ kg	◯	2 075 g

Die Aufgaben waren für mich:

☺ 😐 ☹

5

200 t 500 kg			89 t 89 kg
	123 400 kg		
200,5 t		77,3 t	

☺ 😐 ☹

6

Airbus A320neo

Leergewicht: 44,3 t

Startgewicht: 79,0 t

Flugbenzin bei vollem Tank: 21,380 t

Wie viele Tonnen darf ein vollgetankter Airbus 320neo noch zuladen?

Lösungsweg:

Antwort: ______________________

☺ 😐 ☹

Bereich für den Lehrer:

	☺	😐	☹
4 Gewichtsangaben vergleichen:	☐	☐	☐
5 Gewichtsangaben umwandeln:	☐	☐	☐
6 Komplexe Sachaufgabe mit Gewichten lösen:	☐	☐	☐

Hier kannst du weiterüben:
Mach-Mit-Kartei Spiel „Gewichte umrechnen"
18

Name: Datum:

Zeit

Die Aufgaben waren für mich: ☺ 😐 ☹

1 Schreibe in min.

○

180 s = ____________ 4 h = ____________

3 600 s = ____________ $6\frac{1}{2}$ h = ____________

1 200 s = ____________ 10 h = ____________

2 Schreibe in s.

○

4 min = ____________ 1 min 10 s = ____________

8 min = ____________ 6 min 23 s = ____________

10 min = ____________ 9 min 45 s = ____________

3

○

Abfahrt *Departure* Kassel-Wilhelmshöhe DB

Zeit *Time*	Zug *Train*	Richtung *Destination*	Gleis *Track*
8:37	**ICE** 71	Frankfurt/M Hbf 10:00 – Mannheim 10:42 – Karlsruhe Hbf 11:06 – Freiburg 12:09 – Basel Bad Bf 12:47 – **Basel SBB 12:55**	**2**
9:00			
9:00	**IC** 2156	Warburg (Westf) 9:32 – Paderborn 10:08 – Dortmund 11:15 – Essen 11:39 – Düsseldorf Airport 12:04 – **Düsseldorf Hbf 12:12**	**3**
9:10	**ICE** 375	Fulda 9:45 – Hanau 10:27 – Frankfurt/M Hbf 10:44 – Mannheim 11.28 – Karlsruhe Hbf 11:58 – Offenburg 12:27 – Freiburg 12:59 – Basel Bad Bf 13:36 – Basel SBB 13:47 – Bern 14:56 – **Interlaken Ost 15:57**	**2**
9:31	**IC** 2277	Wabern 9:50 – Treysa 10:08 – Marburg 10:33 – Gießen 10:51 – Frankfurt/M Hbf 11:33 – Darmstadt 11:53 – **Karlsruhe Hbf 13:01**	**2**
9:37	**ICE** 886	Göttingen 9:54 – Hannover 10:32 – Hamburg-Harburg 11:42 – Hamburg Hbf 11:56 – **Hamburg-Altona 12:10**	**3**
9:48	**RE** 3910	Kassel-Hbf 9:52 – Hofgeismar 10:18 – Warburg (Westf) 10:35 – Brillon Wald 11:21 – Bestwig 11:35 – **Hagen Hbf 12:46**	**10**
9:50	**ICE** 694	Göttingen 10:07 – Hildesheim 10:36 – Braunschweig 10:59 – Berlin Hbf 12:21 – **Berlin Ostbahnhof 12:31**	**3**
10:00			
10:04	**RE** 26139	Hann Münden 10:20 – Eichenberg 10:40 – Leinefelde 11:02 – Nordhausen 11:36 – **Halle (Saale) 13:06**	**1**
10:28	**IC** 2376	Göttingen 10:48 – Hannover 11:56 – Hamburg Hbf 13:28 – Schwerin 14:36 – Rostock 15:32 – **Stralsund 16:30** Sa. weiter nach Ostseebad Binz 17:41	**4**

ICE Intercity-Express IC Intercity RE Regional-Express

a) Welche verschiedenen Zugarten findest du auf dem Fahrplan?

____

b) Auf welchem Gleis fährt der RE um 9.48 Uhr ab?

____

c) Welcher Zug fährt um 9.31 Uhr ab?

____

Bereich für den Lehrer:

	☺	😐	☹
1 Zeitangaben in Minuten umwandeln:	☐	☐	☐
2 Zeitangaben in Sekunden umwandeln:	☐	☐	☐
3 Informationen aus einem Fahrplan entnehmen:	☐	☐	☐

19

Hier kannst du weiterüben:
Mach-Mit-Kartei Spiel „Fahrplan ausdenken"

Zeit

4 Schreibe in h und min.

183 min = __ h ____ min　　59 min = __ h ____ min

250 min = __ h ____ min　　333 min = __ h ____ min

201 min = __ h ____ min　　627 min = __ h ____ min

Die Aufgaben waren für mich:

5 Abfahrt *Departure*　Kassel-Wilhelmshöhe　DB

Zeit *Time*	Zug *Train*	Richtung *Destination*	Gleis *Track*
8:37	**ICE** 71	Frankfurt/M Hbf 10:00 – Mannheim 10:42 – Karlsruhe Hbf 11:06 – Freiburg 12:09 – Basel Bad Bf 12:47 – **Basel SBB 12:55**	**2**
		9:00	
9:00	**IC** 2156	Warburg (Westf) 9:32 – Paderborn 10:08 – Dortmund 11:15 – Essen 11:39 – Düsseldorf Airport 12:04 – **Düsseldorf Hbf 12:12**	**3**
9:10	**ICE** 375	Fulda 9:45 – Hanau 10:27 – Frankfurt/M Hbf 10:44 – Mannheim 11.28 – Karlsruhe Hbf 11:58 – Offenburg 12:27 – Freiburg 12:59 – Basel Bad Bf 13:36 – Basel SBB 13:47 – Bern 14:56 – **Interlaken Ost 15:57**	**2**
9:31	**IC** 2277	Wabern 9:50 – Treysa 10:08 – Marburg 10:33 – Gießen 10:51 – Frankfurt/M Hbf 11:33 – Darmstadt 11:53 – **Karlsruhe Hbf 13:01**	**2**
9:37	**ICE** 886	Göttingen 9:54 – Hannover 10:32 – Hamburg-Harburg 11:42 – Hamburg Hbf 11:56 – **Hamburg-Altona 12:10**	**3**
9:48	**RE** 3910	Kassel-Hbf 9:52 – Hofgeismar 10:18 – Warburg (Westf) 10:35 – Brillon Wald 11:21 – Bestwig 11:35 – **Hagen Hbf 12:46**	**10**
9:50	**ICE** 694	Göttingen 10:07 – Hildesheim 10:36 – Braunschweig 10:59 – Berlin Hbf 12:21 – **Berlin Ostbahnhof 12:31**	**3**
		10:00	
10:04	**RE** 26139	Hann Münden 10:20 – Eichenberg 10:40 – Leinefelde 11:02 – Nordhausen 11:36 – **Halle (Saale) 13:06**	**1**
10:28	**IC** 2376	Göttingen 10:48 – Hannover 11:56 – Hamburg Hbf 13:28 – Schwerin 14:36 – Rostock 15:32 – **Stralsund 16:30** Sa. weiter nach Ostseebad Binz 17:41	**4**

ICE Intercity-Express　IC Intercity　RE Regional-Express

Mit welchen Zügen kannst du von Kassel-Wilhelmshöhe nach Karlsruhe Hbf fahren? Markiere.

6 Wie lange dauert die Fahrt vom IC 2376 von Kassel-Wilhelmshöhe bis Rostock?

Lösungsweg:

Antwort: ______________________________

Bereich für den Lehrer:

4 Zeitangaben in Stunden und Minuten umwandeln: ☐ ☐ ☐

5 Komplexe Informationen aus einem Fahrplan entnehmen: ☐ ☐ ☐

6 Sachaufgabe mit Zeitspannen lösen: ☐ ☐ ☐

19

Hier kannst du weiterüben:
Mach-Mit-Kartei Spiel „Fahrplan ausdenken“

Name: Datum:

Rauminhalte

Die Aufgaben waren für mich:

1 a) Wie viel Wasser ist im Messbecher?

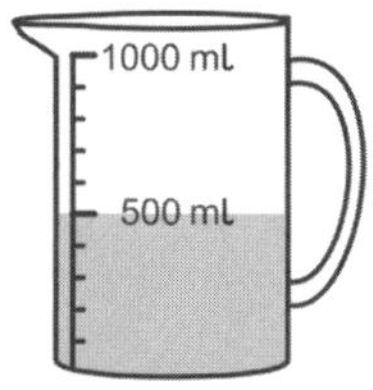

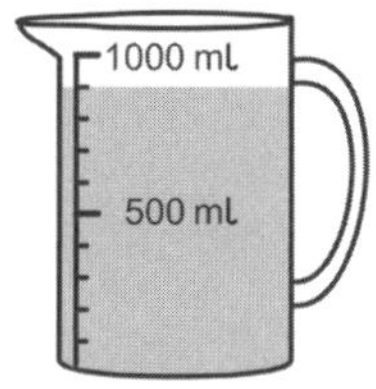

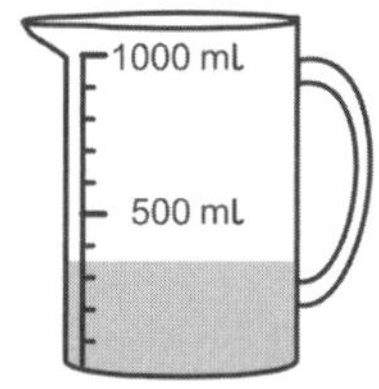

_______ _______ _______

b) Zeichne das Wasser im Messbecher ein.

200 ml

750 ml

450 ml

2 Trage in die Stellenwerttafel ein. Ergänze fehlende Angaben.

	1 l	100 ml	10 ml	1 ml	
5 l 488 ml					_______
9 l 65 ml					_______
_______					3,33 l
_______					7,9 l

3

$\frac{1}{4}$ l = _______ ml

$\frac{1}{4}$ l = _______ l

$3\frac{1}{2}$ l = _______ ml

$3\frac{1}{2}$ l = _______ l

$8\frac{3}{4}$ l = _______ ml

$8\frac{3}{4}$ l = _______ l

$20\frac{1}{4}$ l = _______ ml

$20\frac{1}{4}$ l = _______ l

Bereich für den Lehrer:

1 Milliliterangaben ablesen und einzeichnen: ☐ ☐ ☐

2 Kommaschreibweise bei Liter und Milliliter kennen und umrechnen: ☐ ☐ ☐

3 Alltagsbrüche bei Litern kennen und umwandeln: ☐ ☐ ☐

Hier kannst du weiterüben:
Mach-Mit-Kartei Spiel „Zu einem Liter ergänzen“

20

Rauminhalte

4 Liter (l) oder Milliliter (ml)?

In der vollen Saftflasche ist 1 ____ Apfelsaft.

In einen Eierbecher passen 30 ____ Flüssigkeit.

Für ein Vollbad braucht man etwa 200 ____ Wasser in der Badewanne.

Aus einem ganz aufgedrehten Wasserhahn fließen etwa

5 ____ Wasser in der Minute.

Die Aufgaben waren für mich:

☺ 😐 ☹

5

2,4 l + 0,5 l = ________	700 ml + 1,2 l = ________
1,9 l + 3,7 l = ________	440 ml + 0,9 l = ________
5,8 l + $\frac{1}{2}$ l = ________	390 ml + $4\frac{1}{2}$ l = ________
0,3 l + $\frac{3}{4}$ l = ________	630 ml + $2\frac{1}{2}$ l = ________

☺ 😐 ☹

6 Frau Schell hat am Montag 6 Flaschen Mineralwasser gekauft. In jeder Flasche sind 1,5 l. Bis Mittwoch hat sie nur noch 3 volle Flaschen.

In einer weiteren Flasche ist noch $\frac{1}{4}$ l Mineralwasser.

Die restlichen Flaschen sind leer.

Wie viel Mineralwasser wurde in der Zeit getrunken?

Lösungsweg:

Antwort: ________________________________

☺ 😐 ☹

Bereich für den Lehrer:

	☺	😐	☹
4 Rauminhalte einschätzen:	☐	☐	☐
5 Mit Liter und Milliliter rechnen:	☐	☐	☐
6 Komplexe Sachaufgabe zu Rauminhalten lösen:	☐	☐	☐

20

Hier kannst du weiterüben:
Mach-Mit-Kartei Spiel „Zu einem Liter ergänzen"

Flächen

1 Zeichne jeweils einen Kreis mit dem angegebenen Radius um den Mittelpunkt.

Die Aufgaben waren für mich:

a) r = 3,1 cm

×M

b) r = 2,3 cm

×M

2 Setze das Muster fort.

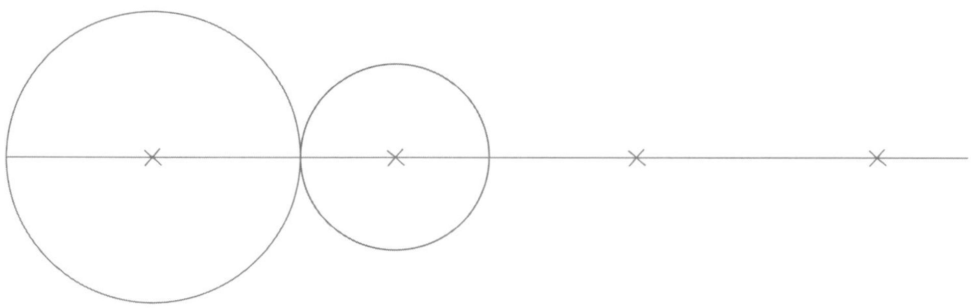

3 Wie heißen die Flächen? Verbinde.

Rechteck Trapez Raute

Bereich für den Lehrer:

1 Kreise mit vorgegebenem Radius mit dem Zirkel zeichnen:	☐	☐	☐
2 Mit dem Zirkel Muster fortsetzen:	☐	☐	☐
3 Vierecke kennen und benennen:	☐	☐	☐

21

Hier kannst du weiterüben:
Mach-Mit-Kartei Spiel „Vierecke spannen"

Flächen

4 Zeichne das Muster vergrößert auf.

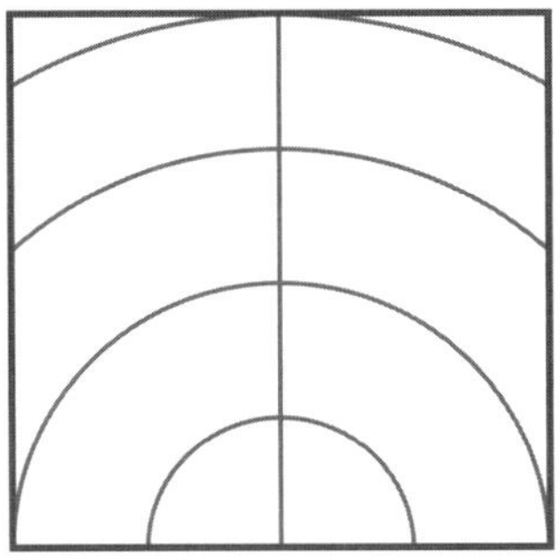

Die Aufgaben waren für mich:

5 Wer bin ich? Verbinde. Ergänze die Namen der Vierecke.

Ich habe keine parallelen Seiten aber gleich lange. ________

Bei mir sind nur 2 gegenüberliegende Seiten parallel. ________

Bei mir findet man rechte Winkel und gleich lange Seiten. ________

Ich habe nur gleich lange Seiten aber keinen rechten Winkel. ________

Meine gegenüberliegenden Seiten sind parallel. Meine Seiten sind nicht alle gleich lang. ________

Bereich für den Lehrer:

	☺	😐	☹
4 Muster mit dem Zirkel vergrößert zeichnen:	☐	☐	☐
5 Rätsel zu Vierecken lösen:	☐	☐	☐

Hier kannst du weiterüben:
Mach-Mit-Kartei Spiel „Vierecke spannen"

Name: Datum:

Flächeninhalt und Umfang

1 Bestimme den Flächeninhalt in Quadratzentimetern.

○

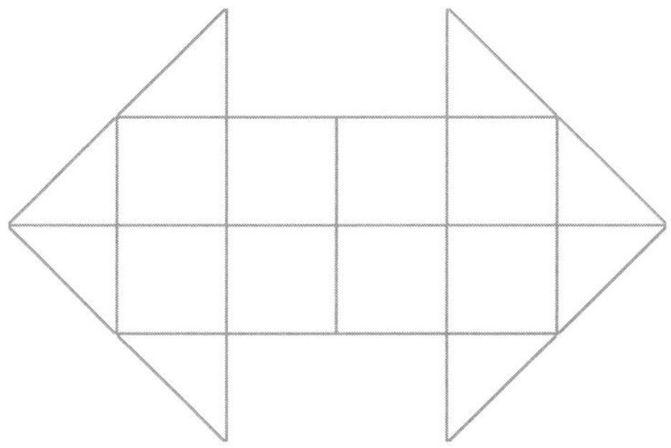

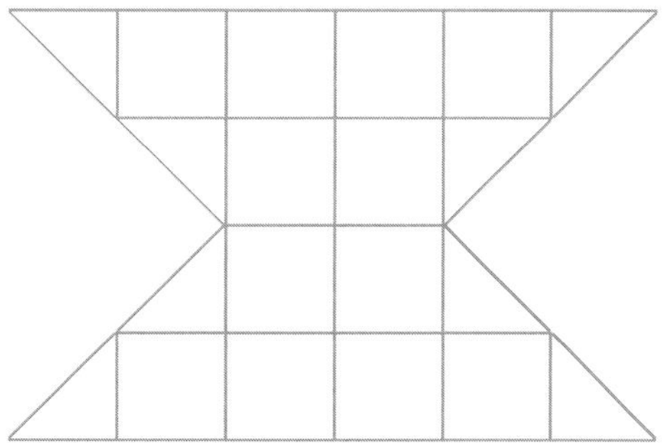

____ cm^2 ____ cm^2

Die Aufgaben waren für mich:

2 Was ist ungefähr 4 m^2 groß? Kreuze an.

○

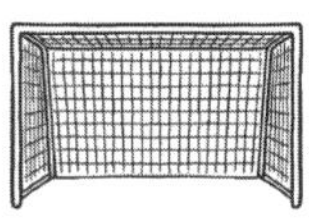 ☐ 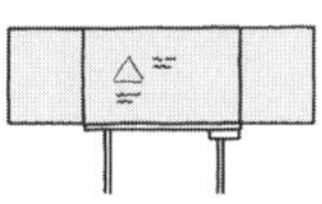 ☐ 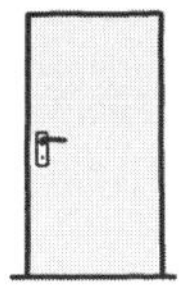 ☐ 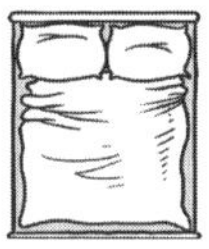 ☐

3 Berechne den Umfang. Miss mit dem Lineal ganz genau.

○

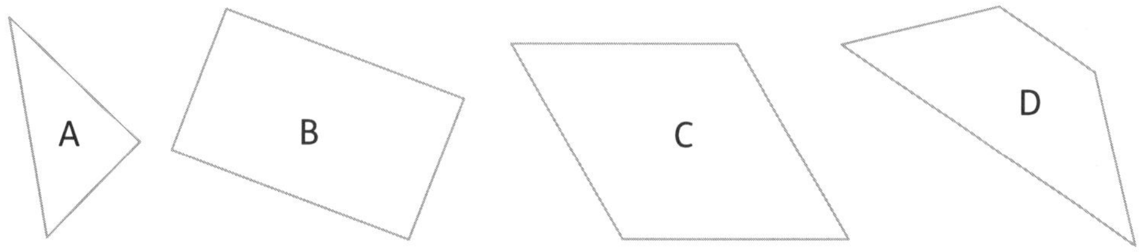

Bereich für den Lehrer:

1 Flächeninhalte in Quadratzentimetern (cm^2) bestimmen:	☐	☐	☐
2 Flächeninhalte in Quadratmetern (m^2) einschätzen:	☐	☐	☐
3 Umfang berechnen:	☐	☐	☐

22

Hier kannst du weiterüben:
Mach-Mit-Kartei Spiel „Der größere Flächeninhalt gewinnt“

Flächeninhalt und Umfang

4 Bestimme den Flächeninhalt in Quadratzentimetern.

●

Die Aufgaben waren für mich:

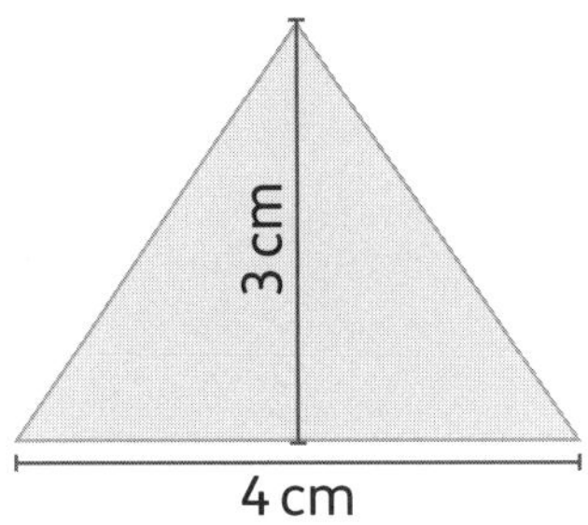

____ cm²

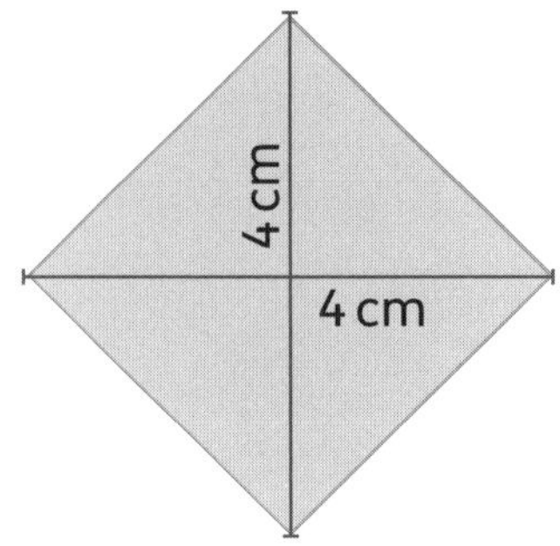

____ cm²

5 Hausmeister Klein klebt in der Schulaula mit Klebeband eine 8 m breite rechteckige Fläche ab. Dafür braucht er 34 m Klebeband. Wie lang ist die Fläche? Fertige eine Skizze an.

◒

Lösungsweg:

Antwort: ____________________

Bereich für den Lehrer:

4 Flächeninhalte in Quadratzentimetern (cm²) durch Zerlegen bestimmen:

5 Sachaufgabe zum Umfang lösen:

Name: Datum:

Körper

1 Wie heißen die Körper? Verbinde.

○

Pyramide | Quader | Kegel

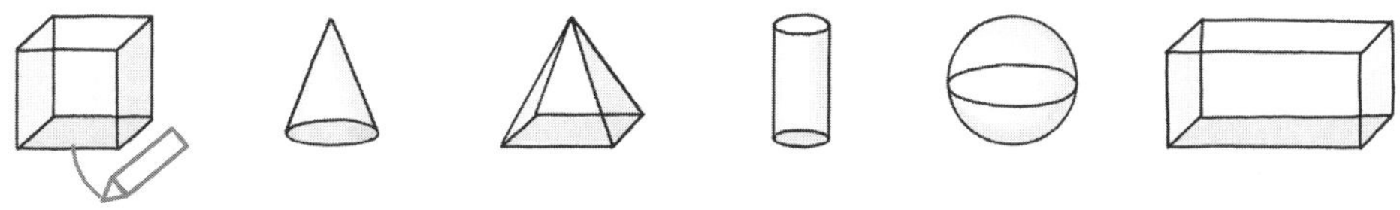

Kugel | Würfel | Zylinder

Die Aufgaben waren für mich:

---

2 Welche Ansicht ist es?

○ Von **l**inks, **r**echts, **v**orn oder **h**inten?

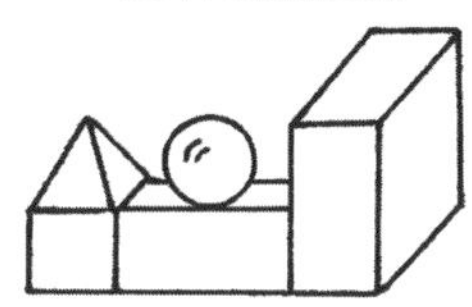

von ______ von ______ von ______ von ______

---

3 Berechne den Rauminhalt dieser Quadergebäude.

○

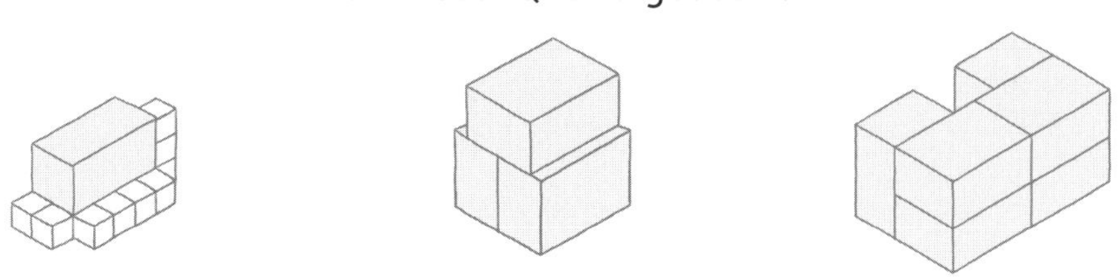

______ ______

Bereich für den Lehrer:

1 Geometrische Körper benennen:

2 Verschiedene Perspektiven erkennen und den Positionen zuordnen:

3 Den Rauminhalt von Quadergebäuden berechnen:

Hier kannst du weiterüben:
Mach-Mit-Kartei Spiel „Schachtel kippen"

23

Körper

4 Wer bin ich? Ergänze die Namen der Körper.

Die Aufgaben waren für mich:

Ich habe Ecken.

________ , ________ , ________

An mir findet man runde Flächen.

________ , ________

An meinen Flächen kann man rechte Winkel entdecken.

________ , ________ , ________

5 Ergänze immer eine Fläche, so dass ein Quadernetz entsteht.

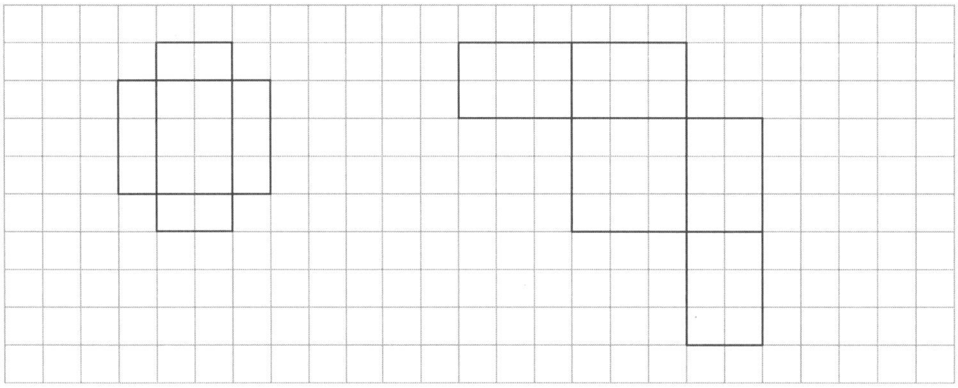

6 Zeichne, was du von **h**inten und **l**inks siehst.

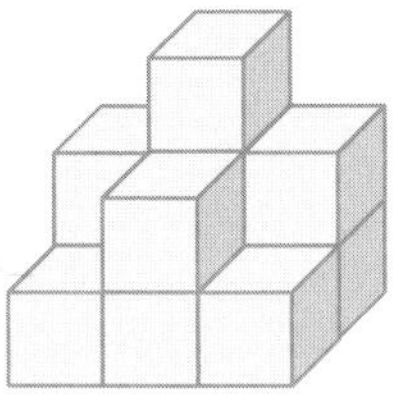

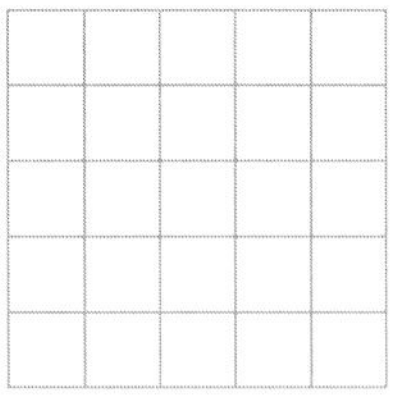

von hinten

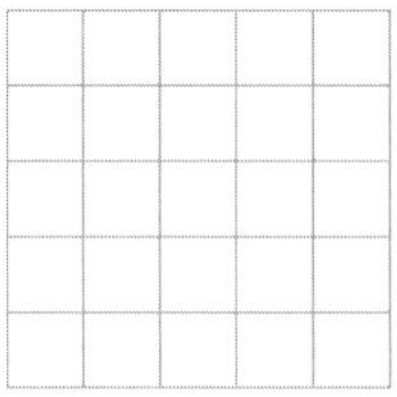

von links

Bereich für den Lehrer:

4 Körperrätsel lösen:

5 Quadernetze ergänzen:

6 Seitenansichten von Würfelgebäuden zeichnen:

Hier kannst du weiterüben:
Mach-Mit-Kartei Spiel „Schachtel kippen"

Name: Datum:

Symmetrie

1 Zeichne die Symmetrieachsen ein und notiere die Anzahl.

○

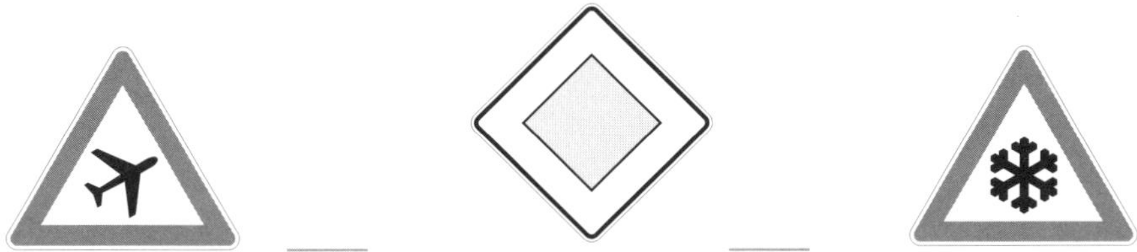

Die Aufgaben waren für mich:

2 Welche Schilder sind drehsymmetrisch? Kreuze sie an.

○

3 Verschiebe die Figuren nach der angegebenen Vorschrift.

○

3↑ 4→ 1↓

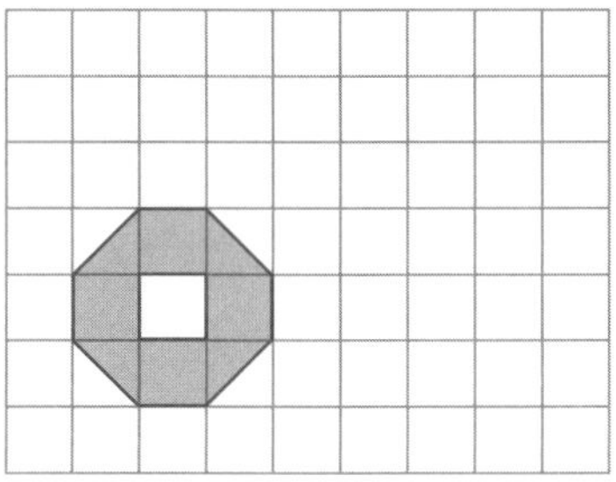

3↖

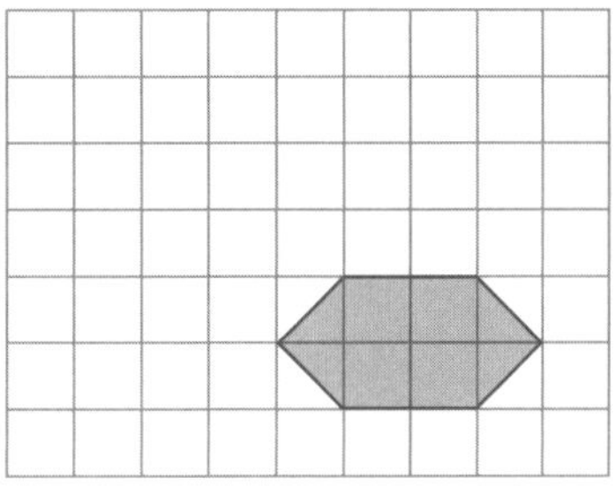

Bereich für den Lehrer:

1 Symmetrieachsen einzeichnen und die Anzahl bestimmen:

2 Drehsymmetrische Figuren erkennen:

3 Figuren nach Vorschrift verschieben:

24

Hier kannst du weiterüben:

Fotografiere drehsymmetrische Figuren für eine Geometriekartei.

Symmetrie

4 Ergänze symmetrisch.

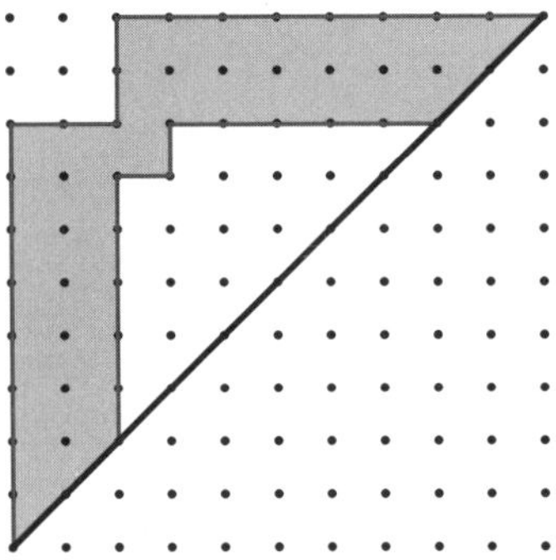

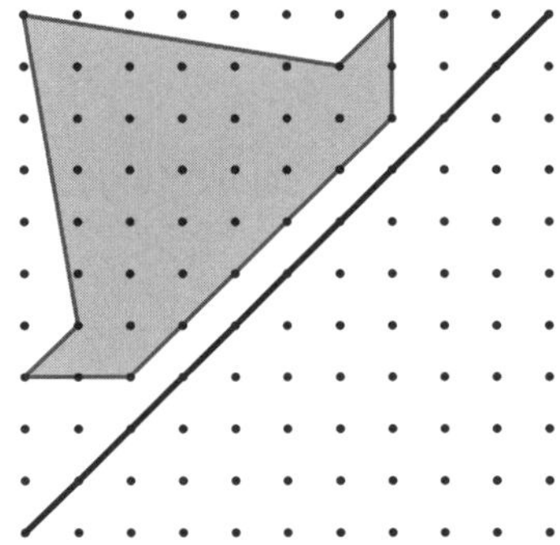

Die Aufgaben waren für mich:

5 Drehe die Figur immer um den Drehpunkt, sodass sie wieder an einer Achse anliegt. Zeichne so nach und nach eine drehsymmetrische Figur.

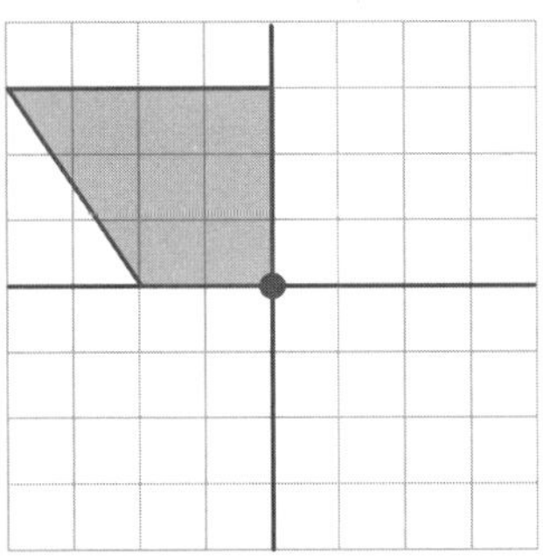

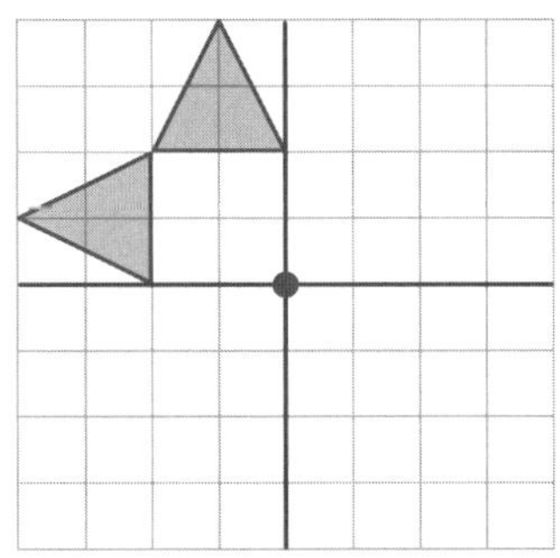

6 Male so an, dass die Figur …

a) genau 2 Symmetrieachsen hat.

b) achsensymmetrisch, aber nicht drehsymmetrisch ist.

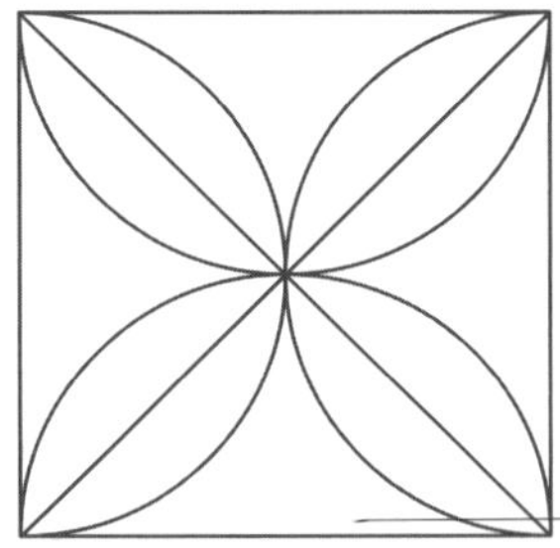

Bereich für den Lehrer:

4 Achsensymmetrische Figuren zeichnen: ☐ ☐ ☐

5 Figuren zu drehsymmetrischen Figuren ergänzen: ☐ ☐ ☐

6 Figuren nach symmetrischen Vorgaben färben: ☐ ☐ ☐

Hier kannst du weiterüben:
Fotografiere drehsymmetrische Figuren für eine Geometriekartei.

24